一脚踏进美食世界

美国世界图书出版公司 / 著　柳玉 / 译

番茄

电子工业出版社
Publishing House of Electronics Industry
北京 · BEIJING

目 录

写在前面

这本书里有一些可以让你"一口吃遍世界"的美味菜谱。开始阅读之前，请先翻到第47页看一下温馨提示。仔细阅读书中的菜谱，在使用刀具或燃气灶时，记得一定要找成年人来帮忙。另外，团队协作会使做饭这件事变得更简单也更有趣。快来试试吧！

想不想来一场食物大冒险？就让我来做导游吧，带你踏上这段环游世界的美味旅程，让你对我有一个全方位的了解……

我就是

番茄！

接下来你们将了解关于我的历史，在这个过程中我们会发现一些有趣的事情，顺便再学着做几道美食。

在我们环游世界的旅程中，你或许会遇到一些新的词汇。如果用简单的语言就能解释清楚，我会在你读到这个词语的地方直接加以解释；如果这个词语我用了很多次，或者解释起来比较麻烦，我会把这个词加粗并变色（看起来像这样的字体）显示。加粗显示的词汇会在本书末尾的词汇表中给出详细释义。

什么是
番茄？

人们种植番茄是因为它的果实光滑、圆润、多汁。新鲜的番茄既可以生吃，也可以添加在各种菜肴中烹制食用。用番茄制作的食品，包括**番茄酱**、意大利面酱、番茄汁、番茄汤等。番茄能为人们提供多种维生素和矿物质。

蔬菜？水果？

有的人，比如植物学家（研究植物的科学家），他们把番茄归类为水果。因为植物学家将水果定义为长有种子的开花植株的一部分。

但是有的人，比如园艺学家（种植植物的专家），他们将番茄归类为蔬菜。这是因为新鲜番茄的食用方法和花菜、生菜、洋葱以及其他蔬菜的食用方法基本一样。

我有种子，看起来像苹果。

你觉得番茄
是什么呢？

一起案件

1893年5月10日，美国最高法院判定番茄属于一种蔬菜。这是因为当时番茄和其他大部分蔬菜一样，通常作为主菜而不是甜点食用。

我在菜地里长大。

近距离观察番茄植株

番茄植株边长边铺散开来，且带有一种很强烈的味道。植株通常会长至1~3米高，开黄色小花，然后长出番茄。番茄一开始是绿色的，随着它逐渐成熟，颜色会发生改变。人们经常吃的番茄是深红色的。

花

番茄这个词，既指它的果实也指它的整棵植株。

果实

番茄种子需要75~85天才能长出成熟的番茄果实。它既可以在室内种植也可以在室外种植。

叶子　　茎

番茄在肥沃、温暖、排水良好的土壤中长势良好，在每天至少有6小时阳光直射的地方长得最好。番茄很受菜农的喜爱，因为它们几乎可以在所有类型的土壤中生长。

你知道吗？最初很多人不敢吃番茄，这是因为他们把番茄和茄科里的几种有毒植物联系在了一起。但是不要害怕，番茄吃起来绝对安全。茄科植物还包括茄子和马铃薯等。

茎上有细小的毛状物。

我们吃起来绝对安全，是吧，番茄？

那是个人喜好问题，马铃薯！

狼桃

番茄的学名叫作Solanum Lycopersicum L.，意思是狼桃。该名称起源于一则古老的日耳曼民间传说，人们认为女巫利用茄科植物来制作狼人！

不同品种的 番茄

人们培育了上百种不同品种的番茄，它们有大有小，形状各异，还有着彩虹般的色彩。

最好趁鲜吃

为了更好地享用番茄的美味，最好一摘下来就吃。不要把番茄放进冰箱，冷气会破坏它的口感。

家庭聚餐的时候见哦，原种番茄！

原种番茄是由昆虫来授粉（受精）的。它们的种子保持原样一代一代地传了下来。原种番茄的口感非常丰富。

黑色的番茄有一种烟熏的味道，黄色或橙色番茄的味道更柔和。

研究人员和种植人员通过精心培育番茄，来提高每株植株所结果实的数量、品质和其他特性。他们有时会在一种新植物中培育两个品种的番茄，以让新植物显现出每种番茄的最佳特征，这种新的植物就叫作杂交植物。

你知道吗？番茄的大小会影响它的口感，这是真的！通常个头较小的番茄，其甜度更高。

番茄原产自
南美洲

20 000多年前，番茄是在秘鲁北部、厄瓜多尔南部和玻利维亚的安第斯山区生长的一种野生植物。

最初的时候番茄很小，大概只有一颗豌豆那么大，有一种类似甜馅饼的味道。但是并没有证据表明当时居住在那里的人们曾经吃过番茄。

所有番茄的祖先

在秘鲁北部和厄瓜多尔南部地区，现在还可以找到我们所吃到的所有番茄的野生祖先。

安第斯山区的番茄种子被鸟类和人们向北带到了

墨西哥

番茄传入墨西哥之后，它的果实变得更大，水分更多。

在墨西哥温暖且阳光充足的气候中，番茄长得很好。因此，阿兹特克人在墨西哥培育出了多个番茄品种。阿兹特克人是美洲原住民，在15世纪和16世纪初期统治着强大的墨西哥帝国。

番茄从一颗小小的浆果，演变成我们今天所熟知的又大又多汁的圆形果实。

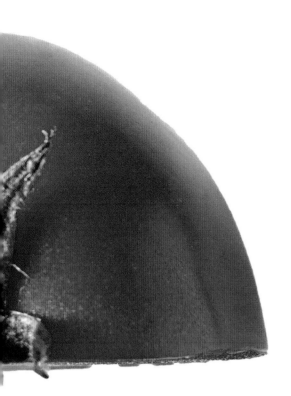

直到今天，番茄仍然是墨西哥的主要农作物。

你好啊，兄弟！

墨西哥绿番茄

墨西哥绿番茄是番茄的亲戚，最开始在墨西哥种植，名字在西班牙语里的意思是小番茄。但是墨西哥绿番茄并不是小番茄，而是一种和番茄完全不同的植物。它有着小小圆圆的果实，还有绿色、黄色或者紫色不同的颜色。现在大部分在墨西哥和危地马拉种植。墨西哥沙拉中会用到很多墨西哥绿番茄。

公元1521年，当西班牙探险家到达阿兹特克帝国的首都特诺奇蒂特兰时，阿兹特克人已经会用番茄制作多种菜肴了。

西班牙国王菲利普二世的医生弗朗西斯科·埃尔南德斯在16世纪70年代来到西班牙领地新西班牙（现为墨西哥中部），并对那里的植物进行了编目和描述。埃尔南德斯观察了阿兹特克人食用番茄的方式后，写道："就食物而言，人们可以将它们磨碎或与辣椒混合后，制成一种非常美味的酱汁，以此改善了许多菜肴的风味，同时刺激人们的食欲。"这种酱汁就是我们今天所说的"莎莎酱"。墨西哥有许多以当地种植的食材为特色的地域性酱汁。

莎莎

莎莎（salsa）是西班牙语中"酱汁"的意思。在西班牙人到来之前，阿兹特克人使用mōlli一词来表示酱汁。随着西班牙的殖民和贸易将香菜、孜然、大蒜和酸橙等新食物带到墨西哥，"莎莎酱"逐渐流行起来。

碎番茄粒

碎番茄粒是一种墨西哥酱汁，类似于莎莎酱，但莎莎酱含有更多的液体，碎番茄粒含有较少的液体，它是用新鲜的末煮熟的番茄，加洋葱、香菜和墨西哥辣椒制成的。同时，它可以作为**调味品**与其他食物一起食用，也可以作为**开胃菜**与玉米片一起享用。

分量：2~3 人份

配料

1个大番茄（或2个小番茄），去核，去籽，切丁

2汤匙青椒，去芯，去籽，切碎

1茶匙墨西哥辣椒（可选），去籽并切碎

¼~½个小洋葱，切丁

1瓣大蒜

1汤匙香菜碎

¼ 个酸橙

盐

玉米片

步骤

1. 将番茄丁放入一个中等大小的碗中。
2. 将蒜瓣对半切开，用压蒜器压碎放入盛有番茄的碗中。
3. 将切碎的青椒加入碗中。
4. 根据个人口味加入切碎的墨西哥辣椒。（处理墨西哥辣椒时可戴上塑料手套，以免被它辣到皮肤和眼睛。）
5. 加入切碎的香菜。
6. 挤入酸橙汁。加入少许盐，再次搅拌均匀。
7. 尝尝味道，如果需要的话，可加入更多的盐、酸橙汁、大蒜或墨西哥辣椒。制作好后可以立即享用也可以冷藏1天后食用，还可以与玉米片一起食用。

你也来吃吧！

你知道吗？ 碎番茄粒（pico de gallo）在西班牙语中的意思是公鸡的喙。这道菜名字的由来可能是因为最初人们用拇指和食指抓着它来吃，看起来就像是公鸡的喙！

16世纪中期，西班牙人将番茄种子从墨西哥带到

西班牙

人们认为，是西班牙探险家埃尔南·科尔特斯在1521年征服墨西哥后，将番茄带到了西班牙，但又过了200年，番茄才成为西班牙美食的重要组成部分。像其他欧洲人一样，西班牙人最初也怀疑这种植物有毒。而今天，番茄已经成为该国最重要的农作物之一。有一道经典的西班牙菜叫作**西班牙凉菜汤**，是一种辛辣的冷汤，用番茄、黄瓜、橄榄油和香料制作而成。

你好！我就是征服了西班牙的味道！

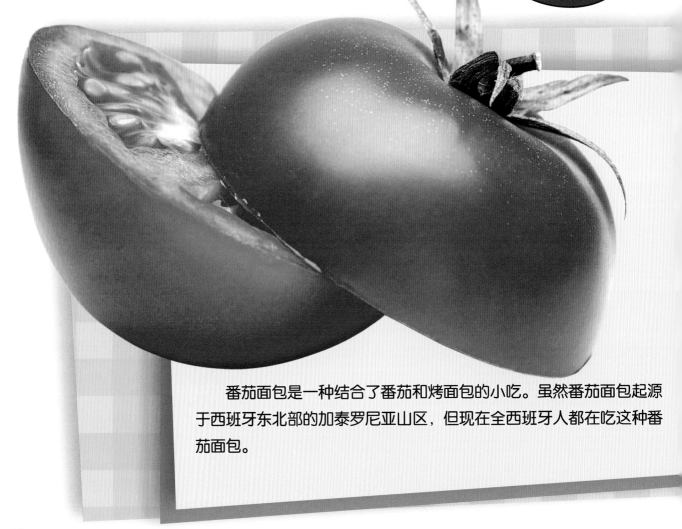

番茄面包是一种结合了番茄和烤面包的小吃。虽然番茄面包起源于西班牙东北部的加泰罗尼亚山区，但现在全西班牙人都在吃这种番茄面包。

你知道吗？只有在植株上成熟的番茄，才会散发出浓郁的味道。一旦番茄被采摘下来，其糖分、酸味和香气就被锁住了。所以如果你想要更浓郁的味道，请选择在植株上成熟的番茄。本地种植的番茄通常更好，因为运输番茄的距离越短，它就越有可能是成熟后采摘的。

试试这个！

番茄面包

分量：2人份

配料

2片厚硬皮面包   1个成熟的番茄

1瓣大蒜   特级初榨橄榄油

     盐

步骤

1. 烤制面包。

2. 将蒜瓣去皮，切成两半。趁热将大蒜切开的一面贴在烤面包上。另一半大蒜可以用来做第二片面包。

3. 将番茄对半切开，将切开的一面贴在烤面包上，用力按压将果肉压入面包中，直到面包被番茄果肉覆盖（但不湿透）。

4. 在面包上轻轻淋上橄榄油，撒上用来调味的盐。

5. 立即食用，尽享番茄面包的美味！

番茄从西班牙传播到葡萄牙和欧洲其他地区。

食物大战！

每年8月的最后一个星期三，成千上万的人从世界各地来到西班牙巴伦西亚附近的布尼奥尔镇，参加世界上最大的食物大战——番茄节！人们参加这个投掷番茄的节日是为了纯粹、无拘无束的狂欢、放纵！经过长达一个小时的战斗，战士们和小镇广场被破碎的红色番茄弄得泥泞不堪。

哎呀！希望我不是下一个！

啪！

在番茄节期间，超过110吨的成熟番茄被摔扔在街上！

21

番茄传播到现在的
意大利

西班牙在16世纪和17世纪控制了意大利南部的大部分地区，受西班牙的影响，番茄来到那不勒斯慢慢进入意大利人的烹饪中。此外，在当时的意大利，香料价格昂贵且很难买到。而番茄能够替代香料给食物调味，因此它才能流行起来。

在19世纪，番茄成为意大利美食番茄意大利面等经典菜肴的重要组成部分。这一时期，意大利和欧洲其他地区的民族独立运动兴起。人们将红色的番茄，以及白色和绿色的食物盛放在盘中，以代表意大利国旗的颜色，番茄因此逐渐成为意大利美食的象征。

番茄

在意大利语中，番茄叫作Pomodoro，这可能来自pomodimoro，意思是摩尔人的果实。摩尔人是来自北非的穆斯林民族，人们认为是摩尔人将番茄引入了现实生活中。后来，pomodimoro可能被误译为pomod'oro，意思是金苹果。（有些人认为第一批传入欧洲的番茄是黄色的。）

我太爱国了，脸都红了！（你能看出来吗？）

你知道吗？ 最有名的意大利菜肴之一
玛格丽特比萨，其做法是将面团拉伸成
面饼后，在上面铺上红色番茄酱、
白色马苏里拉奶酪，还有新鲜的
绿色罗勒，然后放入燃木烤箱
中烘烤。据说玛格丽特比萨
是在那不勒斯发明的，以
纪念意大利王后玛格丽
特（1851-1926年）。

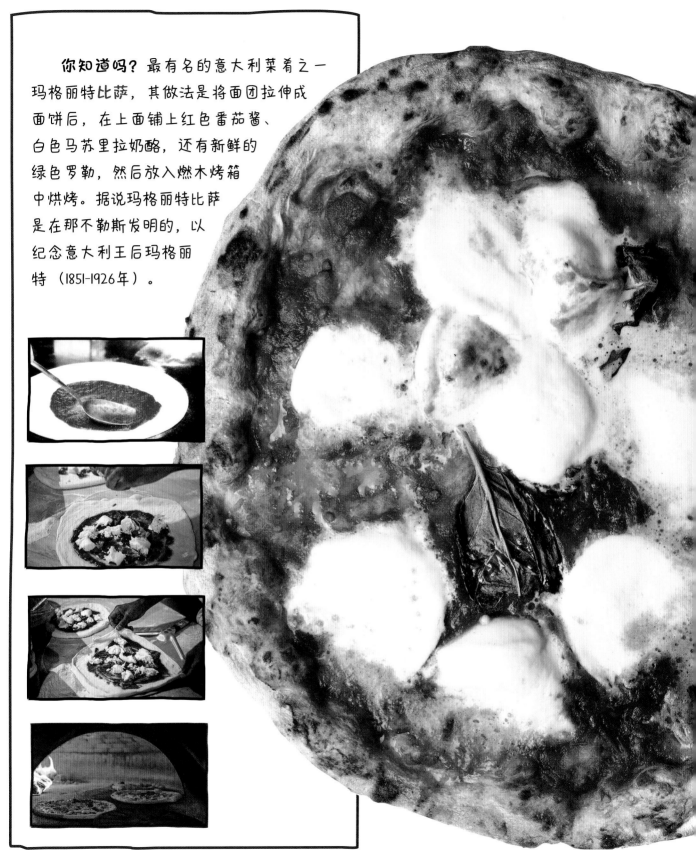

酱汁才是秘籍！

在墨西哥和西班牙，番茄被用来为食物增添风味，而在意大利，它以番茄酱和意大利面的形式成为主角。番茄酱最早在1690年左右出现在那不勒斯人的食谱中，大约100年后，在一本罗马食谱中，第一次记载了番茄酱和意大利面的搭配。

意大利红酱是最简单的意大利酱汁之一，也是许多其他酱汁的基础。它的名字来自意大利语marinaro，原意为水手。因为这种酱汁制作起来非常快，且易于在船上保存而不会变质，所以它被认为是意大利水手的饮食中不可或缺的一部分。

独一无二

番茄酱的配方有很多种，每个意大利家庭都有自己最爱的配方，没有两种番茄酱是完全相同的。就像西西里的谚语说的那样："他总是与众不同，就像酱汁一样。"

这真的很适合我的口味！

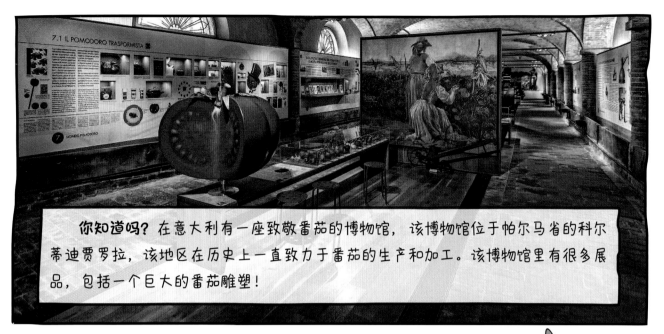

你知道吗？ 在意大利有一座致敬番茄的博物馆，该博物馆位于帕尔马省的科尔蒂迪贾罗拉，该地区在历史上一直致力于番茄的生产和加工。该博物馆里有很多展品，包括一个巨大的番茄雕塑！

试试这个！

让我们升级一下！

简单的番茄酱

分量：4人份

配料

1罐圣马尔扎诺番茄	7瓣大蒜，切薄片	1个大的罗勒枝
1杯水	1小捏干辣椒片	1盒意大利面
¼杯橄榄油	盐和胡椒粉	磨碎的帕尔马干酪

步骤

1. 将番茄倒入大碗中，用手将其捏成小块，倒入一杯水，然后将辣椒片、调味用的盐和胡椒粉一起加入碗中，搅拌均匀。

2. 在一个大煎锅中倒入橄榄油，将大蒜放入炒大约1~2分钟，直至发出咝咝声。注意不要让它变成褐色，否则大蒜会发苦。

3. 将碗中的番茄和所有液体倒入煎锅，将罗勒枝浸入其中。

4. 炖煮约15~20分钟时取出罗勒枝。继续煮至浓稠。

5. 按照盒子上的说明煮意大利面，煮熟后捞出沥干，但不要冲洗。把意大利面放入炒制番茄酱的平底锅中旋转，让所有的意大利面都沾满酱汁。

6. 撒上帕尔马干酪。

为菜肴选择合适的番茄

不同品种的番茄需和特定的菜肴搭配起来效果才最好。下面是一个简单的指南，可帮助你根据菜肴选择合适的番茄。

樱桃番茄和葡萄番茄

这些小小的宝石般的番茄非常适合制作一款一口而入的小吃或放入沙拉中。由于它们的皮较厚，也可以烤着吃或加入煮熟的意大利面中。

牛排番茄

大而多汁的**牛排番茄**被称为"番茄之王"，非常适合制作莎莎酱或其他酱汁。它外皮薄嫩，味道温和，十分适合搭配三明治一起吃。

我可是超级多才多艺！

李子番茄

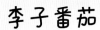

　　这种番茄因其椭圆形状形似李子而得名。与其他番茄相比，它们的种子和水分更少，因此李子番茄的肉质非常适合制作浓稠的酱汁，它们风味浓郁，味道稍微有点强烈。

圣马扎诺番茄

　　中等大小的圣马扎诺番茄被认为是"万能"番茄，它们酸甜适中，口味均衡，可用于制作三明治和沙拉，也可用于其他烹饪。和樱桃番茄、牛排番茄相比，它们汁水更多。

　　你知道吗？ 圣马扎诺番茄是制作许多传统意大利菜肴的首选，因其来自那不勒斯附近的小镇圣马扎诺南萨尔诺而得名。圣马扎诺番茄是李子番茄的一种。

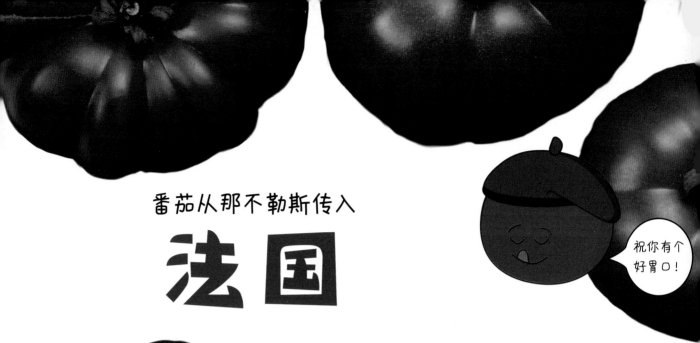

番茄从那不勒斯传入
法国

祝你有个好胃口！

番茄在法国流行起来用了相当长的时间，自1797年传入法国大约200年后，番茄才首次在法餐食谱中被提及。而今天，番茄已是法国的主要农作物之一。

法国人更喜欢新鲜的蔬菜和水果，番茄也不例外，新鲜的番茄是法国最著名的菜肴**蔬菜杂烩**的重要材料之一。这是一种蔬菜炖菜，起源于100多年前法国普罗旺斯的尼斯，是用番茄、茄子、西葫芦、洋葱和香草等制作而成。它的名字来自法语单词ratatouille，意思是搅拌！

上图所示的番茄是法国最著名的番茄之一马芒德番茄，其以法国西南部的城市马芒德命名，该城市于19世纪90年代首次种植这种番茄。马芒德番茄每个重170~285克。每年7月，小镇居民都会在为期两天的节日期间穿上红色衣服以致敬番茄。

爱情苹果

番茄的法语昵称是pomme d'amour，在法语中意为爱情苹果。这可能是源自一种迷信，认为吃番茄会让人坠入爱河。

试试这个！

法国人在夏天喜欢吃这道经典的新鲜番茄馅饼，就是把番茄煮到"爆裂"后，放至馅饼上把馅饼倒过来烤！可以当作美味的开胃菜或清淡的晚餐食用。

上下颠倒的番茄馅饼

分量：4~6人份

配料

1汤匙橄榄油

4小杯樱桃番茄，最好是各种颜色的都有

盐

现磨黑胡椒

2汤匙香醋　　1茶匙蜂蜜

2茶匙切碎的新鲜百里香叶

1片冷冻油酥面团（用黄油制成），解冻后保持低温，切掉角以形成25厘米的油酥圈

山羊奶酪（可选）

步骤

1. 将烤架放在烤箱中间，预热烤箱至204℃。

2. 在直径25厘米左右的铁铸煎锅中加入橄榄油，用中火加热直到油光闪烁。放入番茄，用盐和黑胡椒调味后煮熟并定时搅拌。当番茄裂开时，用抹刀轻轻按压它们以释放出番茄汁。番茄基本上都会在8~10分钟后裂开，用漏勺捞出番茄，静置冷却。

3. 将醋和蜂蜜加入煎锅中，用文火将汁液煮至浓稠的糖浆状。这个过程大约需要1分钟。

4. 将煎锅从火上移开。用纸巾轻轻吸干番茄上的水分，以防止水分将面团湿透。小心地将番茄放入烤盘中，并摆放成一层。然后在上面撒上切碎的百里香叶，再加上更多的盐和黑胡椒调味。

5. 将油酥圈盖在番茄上，折叠边缘处，并用叉子在面团上插一插。

6. 将烤盘放入烤箱烘烤至油酥圈呈金黄色，时间约为25~30分钟。取出后静置5分钟，用刀将面团边缘处铲开。准备上菜时，请成年人帮忙将一个比烤盘稍大的上菜盘放在馅饼上。戴上烤箱手套，轻轻并快速地将馅饼翻转到盘子中。如果需要，撒上山羊奶酪，然后切成楔形。记得在温热时食用口味更佳哦。

你会为这个食谱神魂颠倒的！

穿越大西洋回到

美国

尽管北美土著人吃番茄已经很长时间了，但直到很久以后，番茄才在美国流行起来。番茄可能是从加勒比地区传入美国的，但是直到18世纪中期，卡罗来纳州才开始种植番茄，且大多数人只是把番茄作为一种装饰植物种在花园里。

来自欧洲，特别是在沿大西洋和密西西比河的一些比较城市化的地方，会种植和食用番茄，所以，当路易斯安那州的一些人吃着番茄的时候，在国家另一边的新英格兰人只是把他们种在花园里欣赏。

美国大部分地区的人将番茄发音为[təˈmeɪtəʊ]，但是新英格兰的人们可能会用英式发音[təˈmɑːtəʊ]。

托马斯·杰斐逊是最早种植和食用番茄的弗吉尼亚人之一，早在1781年他就开始种植番茄了，一些学者认为是他把番茄从法国带回了自己的家乡。在杰斐逊担任总统期间（1801–1809年），总统晚宴上会供应番茄。后来，杰斐逊在位于弗吉尼亚州夏洛茨维尔附近的蒙蒂塞洛的家中种植了番茄，并将番茄的种子邮寄给美国各地的农民来种植。杰斐逊一直致力于在美国推广番茄，他种的番茄长出的种子，直到今天仍在蒙蒂塞洛种植！

第一个吃番茄的人

直到1820年，美国人仍然普遍认为番茄有毒。但据说，新泽西州塞勒姆的名人罗伯特·吉本·约翰逊打算证明事实并非如此，他公开宣布他将吃自己种植的生番茄。据说有数百人前来目睹这一令人震惊的事件。约翰逊当众咬了一口番茄，将一些围观者直接吓晕了过去，但他活了下来！到1830年，大多数美国人已经开始吃番茄了。

改良番茄

　　19世纪60年代，许多人开始在美国培育番茄，以尝试改良它们并增加产量。他们期望种植经过筛选的果实种子，以得到更多更好的番茄，但是都没有成功。

　　1870年，俄亥俄州雷诺兹堡的亚历山大·W.利文斯顿开始使用筛选自一整棵植株的种子，而不仅仅是筛选自一颗果实的种子，来种植更大、更甜的番茄。利文斯顿成为第一个将番茄发展成主要经济作物的人。

　　典范番茄是利文斯顿杂交成功的第一个番茄品种，意为卓越的典范，利文斯顿称之为"有史以来第一个被介绍给美国公众的，完美且均匀光滑的番茄"。

　　后来，利文斯顿又研发了30多个番茄品种，使得番茄更受美国厨师的欢迎。

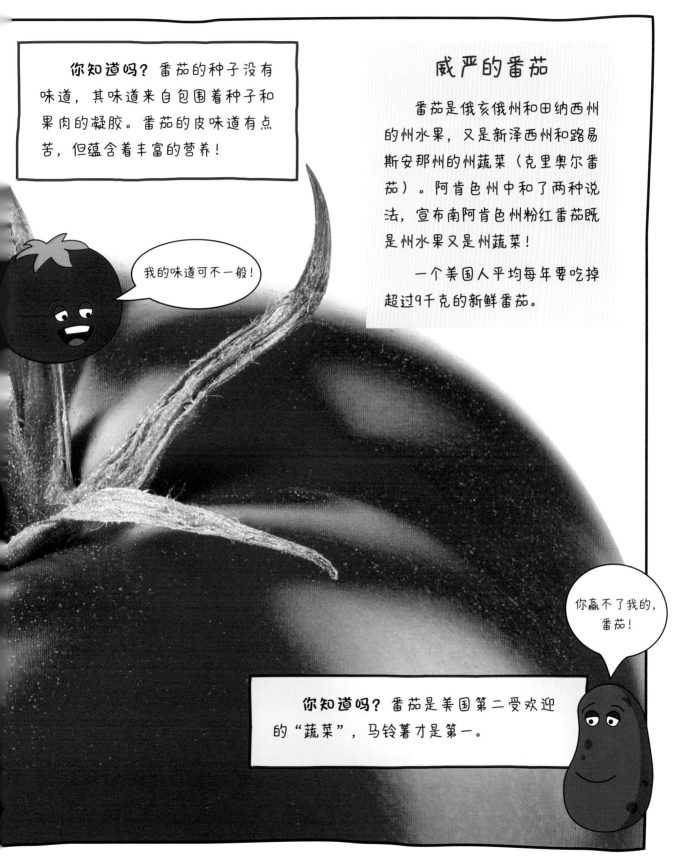

你知道吗？番茄的种子没有味道，其味道来自包围着种子和果肉的凝胶。番茄的皮味道有点苦，但蕴含着丰富的营养！

我的味道可不一般！

威严的番茄

番茄是俄亥俄州和田纳西州的州水果，又是新泽西州和路易斯安那州的州蔬菜（克里奥尔番茄）。阿肯色州中和了两种说法，宣布南阿肯色州粉红番茄既是州水果又是州蔬菜！

一个美国人平均每年要吃掉超过9千克的新鲜番茄。

你赢不了我的，番茄！

你知道吗？番茄是美国第二受欢迎的"蔬菜"，马铃薯才是第一。

聊一聊番茄酱吧！

炸薯条蘸番茄酱是美国人的最爱，但是你知道这种神奇酱汁的起源可以追溯到几个世纪之前的世界其他地方吗？

英语中酱汁（ketchup）的名字起源于17世纪的亚洲，发音像kaychup。它可能来自中文词语，意思是腌鱼的盐水；或者来自马来语（东南亚民族的印度尼西亚语）单词，意思是咂嘴。它也拼写为catsup或catchup。最初，酱汁的配料为蛋清、蘑菇、牡蛎、贻贝或核桃等。

但直到加入番茄，酱汁才真正流行起来！今天的番茄酱则是由番茄、醋、糖、盐以及各种香料制成的。

你知道吗？美国人每年购买超过 300 000 吨的番茄酱，平均每人大约3瓶！难怪美国有全国番茄酱日，即每年的6月5日。

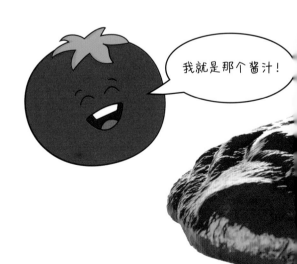

我就是那个酱汁！

高标准

美国食品和药物管理局已经为番茄酱制定了"身份标准"，该标准规定了番茄酱中可以包含的成分，同时还规定了番茄酱的标准浓度等级。

1876年，宾夕法尼亚州匹兹堡的亨氏食品公司创始人亨利·约翰·海因茨，掌握了后来被称为番茄酱的酱汁生产工艺，从那时起，该公司就以生产销售番茄酱而闻名。

如今，这款"美国国民调味品"番茄酱风靡全球！

开始吃吧，不要忘记使用餐巾纸哦！

请将番茄酱递给我！

值得等待！

亨氏番茄酱竟然有速度限制！如果倾倒它时，其流动的速度超过45米/小时，则认为它太稀了，质量不合格！

番茄传入

番茄是在16世纪末或17世纪初传入中国的。西班牙人将番茄引入菲律宾，又从菲律宾传播到东南亚和包括中国在内的亚洲其他地区。

起初，中国人并不知道怎么吃番茄。人们称它为西红柿，意为西方红柿子。也称之为"番茄"，意为洋茄子。

随着时间的推移，中国人慢慢地将番茄纳入了饮食当中，番茄炒鸡蛋就是一道很受欢迎的菜。

为了出口而种植

中国种植的番茄比其他任何国家都多，但是大部分都是为了出口到其他国家，而不是在本国被食用。

你知道吗? 在中国有一些地方用糖给番茄调味。试着做一道甜甜的番茄沙拉吧，把4个番茄切成一口大小的小块，加入5汤匙糖搅拌，冷藏几个小时后就可以享用了！

真甜！

很高兴为您服务！

糖葫芦是中国北方冬季的一种小吃。以前，它是用山楂果制成的。但今天，它可以用任何其他"水果"制作，包括番茄！把樱桃番茄串在一根签子上，然后浸入糖浆中，待糖浆变硬后即可。咬一口糖葫芦酥脆的外皮，就像咬了一口蜜饯一样！

成吨的番茄！

如今，中国的番茄产量约占世界番茄总供应量的三分之一，这比其他任何国家都多。以下是一年种植番茄数量世界排名前五的国家。

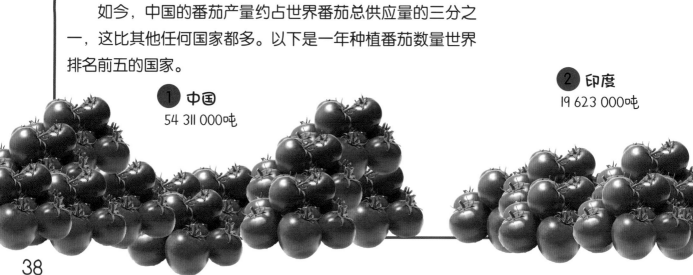

1 中国
54 311 000吨

2 印度
19 623 000吨

泰坦番茄！

有史以来最大的番茄采自1986年的美国俄克拉荷马州，它重达3.5千克！通常番茄的平均重量约为112克。

你知道吗? 意大利是欧洲最大的番茄生产国。它每年生产超过500万吨的番茄。在世界上排名第七。

这里越来越拥挤了！

③ 美国
14 076 000吨

④ 土耳其
12 557 000吨

⑤ 埃及
9 283 000吨

葡萄牙探险家将番茄引入 印度

印度阳光充足、气候炎热，番茄自从16世纪由葡萄牙探险家引入以来，在这里生长良好。印度是现今第二大番茄种植国。

起初，印度种植番茄主要是供欧洲消费者食用。但很快印度人就发现，番茄的酸味和甜味为印度传统菜肴增添了额外的风味，一些印度民族开始在他们的咖喱菜（辣椒酱或炖菜）中使用番茄。

你知道吗？ 衡量番茄好吃与否的标准在于它的香味是否好闻，而不是颜色。因此，在挑选番茄时，请闻一闻它的梗。如果闻起来味道很好，就会很好吃！

作为**马萨拉**（香料混合物）调料的一部分，番茄出现在了印度饮食中。同时，番茄也在其他菜肴中发挥着重要作用，包括番茄米饭、番茄**酸辣酱**（辣酱）、炒番茄以及名为"那汤"的一种著名的南印度番茄汤。

不管你怎么切，我都是一个美味的番茄！

40

最后一个吃番茄的地方是
中东

中东人直到19世纪才开始食用番茄。中东是一个横跨亚洲西南部和非洲东北部的地区，番茄在这里生长良好，因为这里的气候非常适合它的生长需求。中东国家土耳其是世界第四大番茄种植国，番茄也是该国最大的出口产品。

今天，番茄已经成为中东美食的重要和常见组成部分。新鲜的番茄常放在沙拉里一起食用，如阿拉伯沙拉、以色列沙拉、伊朗沙拉和土耳其沙拉。放在酱汁中搭配烤羊肉串（羊肉块、番茄、辣椒和洋葱一起串成肉串）一起食用，也很受欢迎。

吃起来像糖果

樱桃形西红柿是一种由以色列植物开发商引进的樱桃番茄。它是使用秘鲁野生番茄进行育种培育出来的，是一种甜甜的番茄小零食，晒干后尝起来像糖果！

回到我开始的地方！

自己种番茄

刚摘下来的番茄是最好吃的。自己种番茄很简单，你所需要的只是一个大的容器、一些好的土壤和一个温暖且阳光充足的地方。

选择可以在容器中生长的番茄植株，最好是庭院或灌木品种的番茄，因为它们不像其他品种一样长得很高。

选择一个直径约50厘米、底部有排水孔的深容器。

往容器中填一部分优质盆栽土，将番茄植株放在中间，然后继续填土。根据需要调整植株，使根部被泥土覆盖。在植株周围插入三个木桩，待植株长大后，将茎系在木桩上。

经常给它浇水，使土壤保持湿润，但不要积水。浇水时注意往土上浇，以确保叶子和果实不会被弄湿。

将番茄放在阳光充足的地方，保证它每天可以获得6~8小时的阳光照射。根据包装说明施肥，也可以咨询园艺中心的工作人员，哪种肥料最适合你种植的番茄。

富含维生素

番茄是人体所需的维生素A和维生素C的优质来源。

你知道吗？番茄里大约95%是水。

垂涎欲滴！

2016年，佛罗里达州奥兰多附近的沃尔特迪斯尼世界度假村中，未来世界的一个实验温室大棚里种植出了世界上最大的番茄植株。它在种植后的16个月内结了超过32 000个番茄果实。根据吉尼斯世界纪录，它至今仍然保持着年产番茄最多的纪录。

向太空进发！

番茄有着超过10 000多个品种，你永远不知道某个品种可能会出现在哪里！

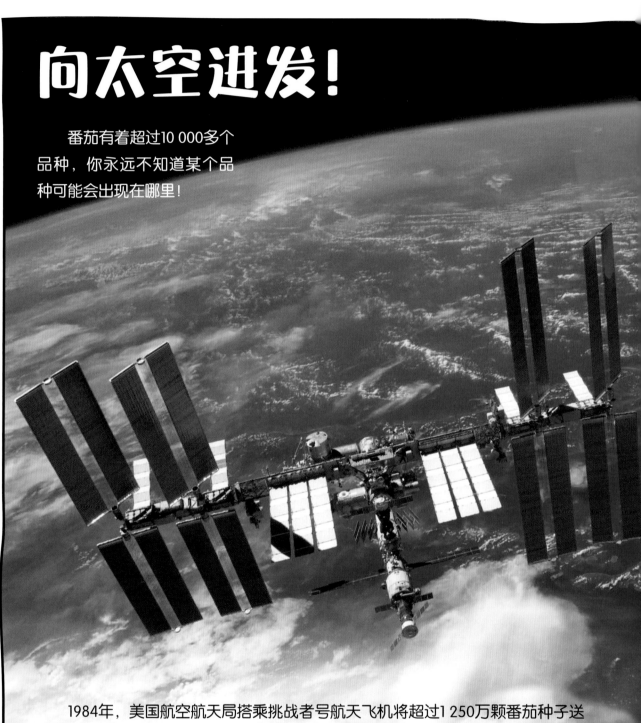

　　1984年，美国航空航天局搭乘挑战者号航天飞机将超过1 250万颗番茄种子送入了太空。航天员将罐中的种子从航天飞机上发射到轨道上。六年后，它们被从哥伦比亚号航天飞机取回，随后被分发给世界各地的小学生。学生们种下种子，发现去过太空的番茄和从未离开地球的番茄一样健康！在一些情况下，去过太空的番茄甚至更美味、更多汁、更甜！

你知道吗？ 有朝一日，人们可能会在火星上吃到新鲜的番茄。研究人员正在南极洲的极端天气下种植番茄，以测试在类似火星的条件下种植食物的能力。

谢谢你的陪伴！是时候发射了！

庆祝番茄节！

在美国10月是全国番茄月，4月6日则是全国新鲜番茄日。

趣味问答

刚刚跟随番茄完成环球旅行之后，你还记得多少知识内容呢？来回答下面这些有趣的问题吧，答案是前面出现过的国家或地区的名称。

1. 哪里种植的番茄最多？

2. 哪里有一座向番茄致敬的博物馆？

3. 番茄是从哪里起源的？

4. 在我们的旅途中最后一个吃番茄的地方在哪里？

5. 番茄传入哪里后变得更大、水分更多？

6. 番茄最初在哪里被用于制作咖喱、马萨拉和酸辣酱？

7. 在哪里可以参加世界上最大的食物大战——番茄节？

8. 当大多数人认为番茄有毒时，哪里的总统宴会上出现了番茄？

9. 哪里有为期两天的节日，届时小镇的居民们会身穿红色的衣服以向番茄致敬？

答案：

1. 中国
2. 意大利
3. 南美洲
4. 中东
5. 澳大利亚
6. 印度
7. 西班牙
8. 美国
9. 法国

46

词汇表

番茄酱：一种由番茄、醋、糖、盐和各种香料制成的食品调味酱。

开胃菜：西餐中一顿饭的第一部分。

烤羊肉串：将羊肉、番茄、辣椒和洋葱放在肉串上一起烤熟。

马萨拉：印度烹饪中使用的混合香料。

比萨：一种扁平的面团，上面通常会撒上奶酪、番茄酱和香草。

牛排番茄：最大的栽培番茄品种之一。

蔬菜杂烩：一种蔬菜炖菜或砂锅菜。

碎番茄粒：一种由新鲜的未煮熟的番茄、洋葱、香菜和墨西哥辣椒制成的酱汁或调味品。

莎莎酱：一种辣酱，特别适合搭配墨西哥或西南的食品。

酸辣酱：一种由水果、香草、胡椒和其他调味料制成的辣酱或调味品。

调味品：用来给食物增添风味的东西。

西班牙凉菜汤：一种冷汤，由滤过的番茄、黄瓜、大蒜、橄榄油、洋葱和香料制成。

意大利红酱：一种用番茄和大蒜调味的酱汁，用于意大利美食。

意大利面：一种由小麦和水制成的食物，例如意大利面或通心粉。

杂交：通过不同的基因型的个体之间的交配取得双亲基因的重新组合。

感谢你的一路陪伴！

温馨提示

在厨房处理食物时，请牢记这些提示，以确保你的烹饪工作顺利、安全地进行。
接下来，享用你制作的美味佳肴吧！

- 在开始准备食物之前、在接触过生鸡蛋或肉之后，都需要清洗双手。
- 彻底清洗水果和蔬菜。
- 处理火锅、平底锅或托盘时，请戴上烤箱手套。
- 使用刀具、燃气灶或烤箱时，请成年人来帮忙。

本书中文简体版专有出版权由WORLD BOOK, INC.授予电子工业出版社，未经许可，不得以任何
方式复制或抄袭本书的任何部分。

版权贸易合同登记号　图字：01-2022-6725

图书在版编目（CIP）数据

一脚踏进美食世界. 番茄 / 美国世界图书出版公司著 ; 柳玉译. -- 北京 : 电子工业出版社, 2023.6
ISBN 978-7-121-45274-1

Ⅰ. ①一… Ⅱ. ①美… ②柳… Ⅲ. ①番茄 – 少儿读物 Ⅳ. ①TS2–49

中国国家版本馆CIP数据核字(2023)第071428号

责任编辑：温　婷
印　　刷：天津图文方嘉印刷有限公司
装　　订：天津图文方嘉印刷有限公司
出版发行：电子工业出版社
　　　　　北京市海淀区万寿路 173 信箱　邮编：100036
开　　本：889×1194　1/16　印张：24　字数：202 千字
版　　次：2023 年 6 月第 1 版
印　　次：2023 年 6 月第 1 次印刷
定　　价：208.00 元（全 8 册）

凡所购买电子工业出版社图书有缺损问题，请向购买书店调换。若书店售缺，请与本社发
行部联系，联系及邮购电话：(010) 88254888 或 88258888。
质量投诉请发邮件至 zlts@phei.com.cn，盗版侵权举报请发邮件至 dbqq@phei.com.cn。
本书咨询联系方式：(010) 88254161 转 1865，dongzy@phei.com.cn。